Profil lipidique et US-CRP dans une approche interlaboratoire

Vania Castro, V.P.P
José Firmino Nogueira Neto

Profil lipidique et US-CRP dans une approche interlaboratoire

Comparaison inter-laboratoires entre les méthodologies et la stabilité des échantillons pour le dosage du profil lipidique et l'US-CRP

ScienciaScripts

Imprint

Any brand names and product names mentioned in this book are subject to trademark, brand or patent protection and are trademarks or registered trademarks of their respective holders. The use of brand names, product names, common names, trade names, product descriptions etc. even without a particular marking in this work is in no way to be construed to mean that such names may be regarded as unrestricted in respect of trademark and brand protection legislation and could thus be used by anyone.

Cover image: www.ingimage.com

This book is a translation from the original published under ISBN 978-613-9-70484-2.

Publisher:
Sciencia Scripts
is a trademark of
Dodo Books Indian Ocean Ltd. and OmniScriptum S.R.L publishing group

120 High Road, East Finchley, London, N2 9ED, United Kingdom
Str. Armeneasca 28/1, office 1, Chisinau MD-2012, Republic of Moldova, Europe

ISBN: 978-620-8-21107-3

Copyright © Vania Castro, V.P.P, José Firmino Nogueira Neto
Copyright © 2024 Dodo Books Indian Ocean Ltd. and OmniScriptum S.R.L publishing group

DEDICATOIRE

Je dédie ce travail aux personnes les plus importantes de ma vie, pour ce qu'elles m'ont appris et transmis, pour leur soutien inconditionnel et incessant, pour ce que je suis. À mes parents, mon mari, ma fille, mes frères et sœurs, ma famille et mes amis.

REMERCIEMENTS

Au Sacré-Cœur de Jésus pour avoir accepté toutes les souffrances de cette bataille et pour m'avoir donné la force et le courage dont j'ai besoin pour cette victoire.

À mon mari, Jorge João dos Santos Castro Filho, pour sa compréhension dans les moments d'absence et ses encouragements constants, ainsi qu'à ma fille angélique, Maria Beatriz.

A mes parents pour avoir été au premier plan de mon processus éducatif, me guidant toujours sur de bonnes voies.

À mes frères et sœurs, à mes amis et aux autres membres de ma famille qui ont cru en moi et qui, par le dialogue, les pensées et les prières, m'ont aidée à achever ce voyage.

José Firmino Nogueira Neto pour m'avoir soutenu lorsque j'ai décidé de faire mon master et de rester dans ce cours de troisième cycle au milieu de tant de difficultés.

Aux membres du projet FIBRA (Fragility in Elderly Brazilians), Prof Dr Roberto Alves Lourenço, pour avoir permis l'utilisation des données et pour avoir compris qu'il est fondamental d'investir dans la qualité des services et des processus.

A mes collègues du Laboratoire des Lipides - LabLip pour toute l'affection qu'ils m'ont apportée dans ce travail.

Aux professeurs du programme de master professionnel en médecine de laboratoire et technologie médico-légale (MPSMLTF), et au coordinateur, le professeur Luis Cristóvão de Moraes Sobrino Pôrto, qui a partagé ses connaissances.

Le scientifique n'est pas celui qui apporte les vraies réponses, c'est celui qui pose les vraies questions.

Claude Lévi-Strauss

RÉSUMÉ

Introduction : Selon O'Kane et al, en 2008, il a été démontré que 88,9% des erreurs de laboratoire se produisent dans la phase pré-analytique. Dans le laboratoire d'analyse clinique, le système de contrôle de la qualité peut être défini comme l'ensemble des actions systématiques nécessaires pour assurer la confiance et la sécurité dans tous les tests et empêcher les erreurs de se produire. La durée de stockage peut varier de quelques jours à plusieurs mois, voire plusieurs années, ce qui influe sur la définition de la température de stockage. Le stockage à long terme peut entraîner une cryopréservation inadéquate de certains analytes et peut dénaturer les lipoprotéines. Objectifs : Le but de cette étude était d'évaluer la phase pré-analytique, le contrôle de qualité interne et l'effet de la congélation (- 80°C) sur la durée de conservation du sérum sanguin et du plasma prélevés avec de l'acide éthylènediamine tétraacétique (EDTA). Matériel et méthode : Les dosages ont été réalisés au Laboratoire des Lipides - LabLip, et conservés à - 80 °C pendant trois ans. Ils ont ensuite été retournés au Service de Pathologie Clinique de la Polyclinique Piquet Carneiro de l'UERJ avec les mêmes méthodologies et les résultats ont été comparés. Résultats : Le profil lipidique (TC, HDLc et TG) et l'US-CRP de 103 échantillons ont été analysés, 73 en sérum et 30 en plasma dans deux laboratoires hautement qualifiés. Discussion : Après un nouveau dosage, des résultats inférieurs ont été trouvés pour le HDLc et le TC respectivement (coefficient de corrélation dans le sérum 0,48 et 0,62) t-test apparié dans le sérum (TC p 0,0012 et HDLc p 0,0001). Conclusions : Les données obtenues lors de l'évaluation des résultats de différents laboratoires et des durées de conservation ont révélé que lorsque les échantillons étaient conservés pendant une longue période après le redosage dans le sérum, ils présentaient des différences pour certains analytes, tels que TC et HDLc, pour lesquels des résultats significativement inférieurs ont été obtenus, contrairement au plasma, qui après trois ans de conservation à -80°C a été redosé et appliqué au t-test apparié, les analytes TC et PCR-US ont maintenu leur stabilité.

Mots clés : Comparabilité. Méthodologie. Stockage. Stabilité.

RÉSUMÉ

INTRODUCTION	**6**
CHAPITRE 1	**21**
CHAPITRE 2	**22**
CHAPITRE 3	**28**
CHAPITRE 4	**36**
CHAPITRE 5	**39**
CHAPITRE 6	**40**

INTRODUCTION

Les laboratoires d'analyse clinique fournissent des soins de santé et jouent un rôle important dans les décisions cliniques. Avec la technologie scientifique, leur complexité s'est également accrue et les processus de laboratoire ont été modifiés, unifiant les avantages de la technologie de l'information et subissant l'impact de différents niveaux d'automatisation. Ainsi, les analyses de laboratoire se déroulent également dans un environnement complexe, où coexistent des procédures, des équipements, des technologies et des connaissances humaines, dans le but de fournir des résultats de laboratoire pour les soins, le diagnostic, le pronostic, le suivi thérapeutique et la production scientifique.[1]

O'Kane et al, en 2008, ont montré que 88,9 % des erreurs de laboratoire sont commises lors de la phase pré-analytique.[2] Chaque analyse de laboratoire vise à obtenir des résultats compatibles et fiables avec la méthodologie utilisée ; cependant, divers facteurs peuvent entraîner l'obtention de valeurs différentes pour une analyse de laboratoire donnée du même matériel biologique.[3]

Le programme de contrôle de la qualité est un système qui gère et régule les conditions nécessaires à la mise en œuvre et au maintien de l'amélioration de la qualité, ce qui permet d'atteindre la qualité du client et de garantir au laboratoire des résultats fiables, de résoudre les non-conformités et de promouvoir l'amélioration du système.[3-4]

L'objectif de cette étude était de rassembler et d'organiser les connaissances sur la phase pré-analytique, le contrôle de qualité, la comparaison des méthodologies entre deux laboratoires cliniques et les résultats attendus par groupe d'individus dans le cadre du projet Fragility in Elderly Brazilians - FIBRA II.

Projet FIBRA

L'objectif de cette étude était de déterminer le profil de risque et les facteurs associés à la fragilité chez les personnes âgées vivant dans la communauté. La population source était composée de personnes âgées de 65 ans et plus, vivant dans les quartiers nord de la ville de Rio de Janeiro, au Brésil, et clientes d'une compagnie d'assurance maladie. Il s'agissait d'une étude transversale de cohorte, avec un échantillon stratifié par sexe et par âge, n=213 participants ayant fait l'objet d'analyses cliniques. L'outil de dépistage de la probabilité d'hospitalisations répétées (PIR) a été utilisé pour la stratification du risque. Une analyse de régression logistique a été réalisée pour étudier l'association entre la PIR et un ensemble de variables sociodémographiques, d'état de santé, fonctionnelles et cognitives, après une analyse bivariée. 6,7 % des personnes âgées présentaient un risque élevé d'hospitalisation. Le risque d'hospitalisation était associé au cancer, aux chutes, à la broncho-pneumopathie chronique obstructive et aux médicaments utilisés, ainsi qu'aux conditions suivantes : avoir reçu la visite d'un professionnel de la santé, avoir été alité à domicile, vivre seul et pratiquer les activités de la vie quotidienne.[5]

Public cible

Une étude descriptive transversale a été réalisée sur la population de référence de l'étude "Fragility in Elderly Brazilians - FIBRA". La population et l'échantillon de l'étude étaient constitués de personnes âgées de 65 ans ou plus, vivant dans des quartiers du nord de la ville de Rio de Janeiro, qui faisaient partie du registre des clients d'une fondation de santé et de retraite pour les fonctionnaires fédéraux et leurs dépendants, avec une couverture dans différentes municipalités brésiliennes. La délimitation géographique a été définie par les coordinateurs du projet FIBRA-RJ pour des raisons de commodité logistique.[5]

L'échantillon a été sélectionné par stratification, sur la base du croisement des variables d'âge et de sexe, en formant dix strates naturelles, composées d'individus âgés de 65 ans et plus jusqu'à 100 ans, divisés en tranches de dix ans. Chaque strate finale a été obtenue par un échantillonnage aléatoire inversé, en conservant les proportions des strates de la population source, à l'exception des personnes âgées de 95 ans et plus, qui ont toutes été interrogées. La taille de l'échantillon a été calculée de manière à ce que le coefficient de variation dans chaque strate naturelle soit de 15 % pour des estimations de proportion d'environ 0,07 avec un niveau de confiance de 95 %. [5]

Les personnes âgées qui avaient besoin d'un informateur de substitution parce qu'elles présentaient l'une des conditions suivantes ont été exclues de l'étude : déficience cognitive - définie par un score inférieur à 12 au *Mini-Mental State Examination* (MMSE) ; déficits sensoriels compromettant la communication et la lecture ; maladies en phase terminale de toute nature. Parmi les autres limitations, le répondant de substitution ne répondait pas à l'auto-évaluation de la santé, un élément qui constitue l'instrument utilisé pour stratifier le risque de fragilité. [5]

Le recrutement a eu lieu par téléphone entre le 5 janvier 2009 et le 13 janvier 2010.[5]

L'étude a été approuvée par le comité d'éthique de la recherche de l'hôpital universitaire Pedro Ernesto de l'université d'État de Rio de Janeiro (1850-CEP/HUPE). Tous les participants ont signé un formulaire de consentement éclairé.[5]

La collecte des données et l'instrument de recherche ont été réalisés à domicile lors d'un entretien unique, d'une durée d'environ 90 minutes, à l'aide d'un questionnaire de questions structurées et de mesures des performances physiques, fonctionnelles et mentales. [5]

Le questionnaire comprenait des données sociodémographiques, telles que l'état civil et le logement, la scolarité, la couleur de peau/la race, le revenu personnel, l'âge, le sexe et la disponibilité d'un soignant en cas de besoin, ainsi que des données sur l'état de santé, par le biais de l'auto-évaluation de la santé et des maladies chroniques autodéclarées, telles que l'hypertension artérielle systémique (HSA), les maladies coronariennes, le diabète sucré, le cancer, les arthropathies, les maladies pulmonaires obstructives chroniques, l'ostéoporose, les accidents vasculaires cérébraux, les déficiences auditives ou visuelles, les chutes survenues au cours de l'année écoulée et l'incontinence urinaire et fécale. L'individu a répondu à un questionnaire sur l'utilisation des services de santé au cours de l'année écoulée, caractérisée par le nombre d'hospitalisations et la durée du séjour, le nombre de consultations médicales, la nécessité de visites à domicile par des professionnels de la santé, la nécessité de rester alité en raison d'une maladie et le nombre de médicaments utilisés régulièrement au cours des trois mois précédant l'entretien, le tabagisme et la pratique ou non d'une activité physique.[5]

Des mesures anthropométriques ont été prises, telles que le poids et la taille, ainsi que des tests de performance, tels que la vitesse de marche - la moyenne de trois évaluations du temps nécessaire pour marcher 4,6 mètres en ligne droite - et la force de préhension - la moyenne de trois mesures prises par un dynamomètre Jamar (SAEHAN Corporation, Yangdeok-Dong, Corée du Sud) sur le membre supérieur dominant.[5]

La probabilité d'une hospitalisation répétée pour chaque participant a été calculée à l'aide de la probabilité d'une admission répétée (PRA), composée de huit éléments inclus dans le questionnaire : (1) santé auto-évaluée - avec les options de réponse suivantes : "très bon, bon, moyen, mauvais ou très mauvais" ; (2) hospitalisation au cours de la dernière année ; (3) nombre de consultations médicales au cours de la dernière année ; (4) diabète sucré ; (5) maladie coronarienne ; (6) sexe ; (7) disponibilité d'un soignant en cas de besoin ; (8) âge. [6,7]L'équation logistique et les coefficients de régression correspondant à chacun des huit items ont été décrits par Pacala et al Dans la présente étude, le nom de l'instrument, en portugais, a été changé en aPIR.[8]

Phase pré-analytique

La phase pré-analytique comprend toutes les étapes qui ont lieu avant la réalisation du test, y compris la demande, la préparation de l'individu, la collecte, l'identification des échantillons et leurs -   9.
la manipulation et la transformation.

Dans la phase pré-analytique des soins de laboratoire, de nombreuses données sont très pertinentes, telles que le sexe, l'âge, la consommation de médicaments, l'assurance maladie, etc. L'utilisation de systèmes informatisés, très répandus dans les

laboratoires, permet de collecter une série supplémentaire d'informations relatives à l'heure et à la date de la prestation, au poste 9, à la date de l'examen et à la date de l'examen.
la collecte, l'opérateur, entre autres.

L'utilisation d'équipements automatisés à interface bidirectionnelle (dans lesquels l'équipement est alimenté par les résultats des analyses, reçoit des instructions de travail du système du laboratoire et renvoie les résultats à ce même système) peut permettre d'accéder à un autre ensemble d'informations produites au cours du processus analytique. En outre, l'automatisation du processus d'obtention des résultats, d'acquisition et de stockage des données rend le volume d'informations plus fiable, plus souple et plus facile à manipuler. [10]

Le médecin qui demande le test et ses assistants n'informent pas toujours la personne sur le test et le prélèvement de l'échantillon, de sorte que le laboratoire doit fournir des lignes directrices pour chaque type de test, et le phlébotomiste doit se préoccuper du respect des exigences techniques du prélèvement et des risques biologiques potentiels. De même, les personnes chargées du conditionnement, de la conservation et du transport de l'échantillon doivent veiller à la sécurité et à l'intégrité du matériel et d'elles-mêmes. [11]

Lorsque du sang est prélevé pour des analyses de laboratoire, il est important de contrôler et d'éviter certaines variables qui peuvent nuire à la précision des résultats. Les conditions pré-analytiques comprennent les variations chronobiologiques, le sexe, l'âge, la position, l'activité physique, le jeûne, le régime alimentaire et l'utilisation de médicaments à des fins thérapeutiques ou non. D'autres conditions doivent être prises en compte, telles que l'exécution simultanée de procédures thérapeutiques ou diagnostiques, la chirurgie, la transfusion sanguine et la perfusion de solutions. [12]

Processus de laboratoire

Le processus comprend la demande de test, l'orientation, la préparation de l'individu, la collecte, le traitement des échantillons, l'analyse proprement dite, l'expression des résultats et leur interprétation par rapport aux valeurs de référence et à la situation clinique des individus étudiés. [13,14]

Instructions de travail (procédures) :

La collecte de sang est un facteur important dans le diagnostic et le traitement de diverses maladies. [15]

Le matériel de prélèvement utilisé pour obtenir le sang est essentiel, car il a un impact sur les résultats du test.

Instruction de travail (séquence de collecte d'échantillons du projet FIBRA II) :

a) Tube contenant du citrate de sodium ;
b) Tube avec activateur de caillots, avec gel pour obtenir du sérum ;
c) Tube contenant de l'EDTA.

Instructions de travail (ordre des procédures de collecte) :

a) Accueil de la personne ;
b) Analyse de la demande ;
c) Vérification des informations : nom, date de naissance, sexe, indication clinique, utilisation de médicaments, etc ;
d) Vérifiez que la personne est à jeun pour le test demandé et si elle est allergique au latex. Si c'est le cas, utilisez un garrot et des gants sans latex.

Instruction de travail (procédures de ponction veineuse) :

a) Séparer le matériel nécessaire et approprié pour effectuer les tests demandés ;
b) Étiqueter les tubes et noter l'heure du prélèvement. Certains laboratoires identifient également le phlébotomiste en lui faisant porter des gants ;
c) Positionner l'individu ;
d) Appliquer le garrot, sélectionner le site de ponction et la veine à ponctionner ;
e) Antiseptiser le point de ponction et attendre que l'antiseptique se volatilise ;
f) Effectuez la ponction veineuse et, lorsque le flux sanguin commence à s'écouler, demandez à la personne d'ouvrir la main ;
g) Desserrer et retirer le garrot ;
h) Remplir les tubes de collecte dans le bon ordre ;
i) Placez une compresse de gaze sur le point de ponction ;
j) Retirer l'aiguille et activer le dispositif de sécurité ;
k) Appliquez une pression sur le point de ponction jusqu'à ce que le saignement s'arrête, puis appliquez le pansement ;
l) Vérifier que les tests collectés font l'objet d'un traitement particulier ;
m) Envoyer les tubes étiquetés au laboratoire.

Erreurs possibles :

a) Mauvaise identification, échange d'échantillons, hémolyse, homogénéisation, centrifugation à la mauvaise vitesse, stockage inadéquat, erreurs dans l'utilisation des anticoagulants ;
b) Les échantillons dont l'identification est insuffisante ne doivent pas être traités ;

Instructions de collecte :

a) Préparation de l'individu ;
b) Matériel à collecter ;
c) Durée de la collecte ;
d) Identification efficace de l'individu ;
e) Identification correcte de l'échantillon prélevé ;
f) Soins particuliers ;
g) Enregistrement de l'identité du collecteur ou du receveur de l'échantillon ;
h) L'élimination en toute sécurité du matériel utilisé dans la collection ;
i) Compléter correctement l'enregistrement de l'individu ;
j) Tous les échantillons doivent être étiquetés de manière à pouvoir être retrouvés si nécessaire ;
k) Les échantillons doivent être conservés pendant la durée et à la température spécifiées dans des conditions qui garantissent la stabilité des propriétés pour la réalisation et la répétition des analyses ;
l) La congélation et la décongélation consécutives ne sont pas autorisées ;
m) La qualité de l'échantillon biologique est d'une importance capitale pour le succès de l'analyse ;
n) S'assurer que les conteneurs sont bien fermés et que leur contenu ne fuit pas ;
o) Placez les tubes ou les flacons contenant le matériel biologique dans un sac en plastique ou un bocal en position verticale avant de les placer dans la glacière ;
p) Important : la mallette thermique doit contenir une quantité de glace sèche ou recyclable compatible avec la quantité de matériel envoyée et un thermomètre pour le contrôle de la température.

Variables pré-analytiques

Les variables pré-analytiques ont un impact majeur sur la qualité des résultats de laboratoire et sont classées en trois catégories : les variables physiologiques, les variables liées à la collecte des échantillons et d'autres facteurs d'interférence, qui peuvent conduire à des interprétations erronées des résultats des tests. [16]

Lorsque les résultats sont analysés en laboratoire, on observe certaines modifications liées à des variables physiologiques telles que le sexe, l'âge, la race, la grossesse, etc. L'ampleur des modifications de ces substances dépend du régime alimentaire et du temps écoulé entre l'ingestion et le prélèvement de l'échantillon. Les aliments riches en graisses augmentent la concentration de triglycérides dans l'organisme. Les régimes riches en protéines et en nucléotides, en revanche, favorisent l'augmentation des niveaux d'ammoniaque, d'urée et d'acide urique. L'effet de l'exercice physique, de la consommation de tabac et d'alcool, de l'interférence liée à l'altitude, entre autres, sur les résultats des tests est également bien connu. [16]

Il existe d'autres facteurs pré-analytiques tels que : les variables de collecte qui ont pour agent la durée du garrot, le sang prélevé sur des sites d'accès veineux avec perfusion de médicaments, entre autres. [16]

Il existe d'autres facteurs d'interférence, tels que le temps de contact prolongé du sérum ou du plasma avec les cellules, l'existence d'hémolyses plus ou moins importantes, les hémoconcentrations dues à l'évaporation, une température de conservation incorrecte des échantillons, un transport incorrect, une utilisation incorrecte d'additifs (anticoagulants). [16]

Le sérum ou le plasma doit être séparé des cellules sanguines le plus rapidement possible. Si vous dépassez le délai maximum de deux heures, certains analytes peuvent être perturbés.

La température est également importante pour la viabilité de l'échantillon. La température ambiante dans le laboratoire est considérée comme étant comprise entre 22 et 25°C.[18]

La réfrigération de l'échantillon à des températures comprises entre 2 et 8°C inhibe le métabolisme cellulaire et stabilise certains constituants thermolabiles.[19]

Les échantillons doivent être transportés dans des caisses isothermes, hygiéniques et étanches, le cas échéant. Ils doivent être étiquetés avec des symboles de risque biologique. [19]

Contrôle de la qualité

Les analyses de laboratoire tendent à obtenir des résultats compatibles avec la méthodologie utilisée. Cependant, divers facteurs peuvent conduire à des valeurs différentes pour une analyse de laboratoire donnée du même matériel biologique.[20] La qualité en laboratoire a considérablement évolué ces dernières années et le contrôle de la qualité fait partie d'un programme plus large. La qualité comprend les processus de gestion, d'amélioration et d'assurance qualité, [22][21]
et le contrôle de la qualité sont inclus dans l'amélioration continue de la qualité.

Les composantes du programme de contrôle de la qualité sont les suivantes : qualité des échantillons ; procédures opératoires normalisées (PON) ; assurance de la qualité technique des employés ; maintenance et enregistrements du contrôle de la qualité ; résultats des analyses ; participation à des programmes externes de contrôle de la qualité ; normes de sécurité du laboratoire ; fiabilité des performances des équipements ; et assurance de la qualité des matériaux de laboratoire.

Description du système de qualité de LabLip

LabLip participe à deux programmes de contrôle de la qualité au niveau international et national. Le Programme de Contrôle de Qualité Externe (PCQE) est constitué d'échantillons de contrôle qui sont fournis mensuellement dans un *kit de contrôle* à LabLip pour être analysés en tant qu'essai d'aptitude. L'objectif de ces analyses est d'évaluer les processus analytiques réalisés dans les mêmes conditions que les analyses des échantillons provenant des différents projets que nous menons. Grâce aux résultats obtenus en participant à ces programmes, LabLip s'assure de la précision et de l'exactitude.

Le PCEQ de LabLip comprend l'évaluation analytique par le biais de la précision du système analytique, en utilisant des échantillons de contrôle interne (intra-laboratoire) Internal Quality Control (IQC) et l'évaluation de la précision analytique avec des échantillons de contrôle analysés (entre laboratoires) External Quality Control (EQC).

Les échantillons CQE sont analysés et les résultats trouvés par LabLip sont évalués par le fournisseur du programme sous la forme d'un rapport périodique qui nous permet de prendre des mesures en vue d'une amélioration continue. À la fin d'un cycle de participation, nous avons obtenu une compétence par le biais d'un certificat d'excellence. Depuis le début de notre participation à ces programmes, nous avons obtenu une note EXCELLENTE dans les deux cas.

Le CQI est réalisé avec des échantillons de contrôle fournis par le Programme national de contrôle de la qualité (PNCQ) et des contrôles fournis par une entreprise hautement qualifiée qui remplit toutes les conditions requises. Toutes deux fournissent du sérum humain lyophilisé pour le contrôle interne de tous les analytes biochimiques en utilisant le même lot d'échantillons de contrôle, ce qui permet de vérifier le système sur une certaine période sans changer le matériel de contrôle biologique. Les tests sont effectués, analysés et approuvés avant chaque dosage qui compose les projets dans lesquels LabLip est impliqué.

Contrôles, calibrateurs et leurs fonctions

Des échantillons de contrôle avec des valeurs connues sont analysés quotidiennement pour évaluer la précision des tests. Grâce à cette méthode efficace et fiable d'exécution des procédures de laboratoire, nous obtenons des résultats valides qui contribuent au diagnostic clinique et aux différentes lignes de recherche auxquelles nous participons. L'objectif de l'ACQ est de garantir la reproductibilité (précision), de vérifier l'étalonnage des systèmes analytiques et d'indiquer quand des mesures correctives doivent être prises en cas de non-conformité.

Le sérum d'étalonnage est du sérum bovin lyophilisé ajouté à divers composants jusqu'à ce qu'il atteigne des niveaux adaptés à l'étalonnage des analyseurs automatiques. Il ne contient pas de conservateurs susceptibles d'interférer avec les déterminations biochimiques.

Pour interpréter les résultats des échantillons de contrôle interne, LabLip utilise deux échantillons de contrôle à des niveaux de concentration différents : le contrôle humain I (normal) et le contrôle humain II (pathologique), afin que les informations soient valables pour vérifier que les niveaux de contrôle souhaitables sont maintenus, dans le but de surveiller les performances analytiques. Le système de contrôle Levey-Jennings, exprimé sous forme de graphique, est également utilisé comme outil d'assurance qualité. Chaque analyte a un graphique, et les limites acceptables sont respectées, données par la déviation standard par rapport à la moyenne obtenue après un minimum de dosages selon des protocoles internationalement acceptés et référencés dans les bibliographies.

Equipement

Le système analytique comprend les équipements et les instruments de mesure, qui sont les analyseurs biochimiques et ceux qui soutiennent les tests (centrifugeuses, pipettes, etc.). Tous les équipements et instruments utilisés par LabLip font l'objet d'un entretien préventif tous les trois mois par des techniciens spécialisés et des représentants du fabricant, et d'un entretien correctif si nécessaire. Le cas échéant, les composants qui montrent des signes de compromission des résultats sont remplacés. Les performances sont rigoureusement observées par le biais de tests post-maintenance en vue d'une réinsertion dans l'exécution technique des analyses.

Personnel technique

Le programme de contrôle de la qualité analytique mis en œuvre par LabLip inclut également le professionnel technique qui effectue les analyses. À cette fin, il existe des niveaux hiérarchiques systématisés pour la prise de décision, conformément aux compétences, aux qualifications et aux titres décrits dans les documents de qualité internes. Périodiquement, et chaque fois que cela s'avère nécessaire, LabLip promeut la formation par le biais d'un programme de formation continue et en vérifie l'efficacité.

Considérations finales

La gestion de la qualité est très importante, étant donné la crise de crédibilité associée à ce domaine. Il n'est pas courant que le service public engage un programme de qualité pour l'accréditation, en raison des ressources, parce qu'il ne fonctionne que si tout le monde en est conscient. La gestion totale de la qualité (TQM) apparaît donc comme un instrument autour duquel les institutions peuvent être restructurées pour répondre aux besoins réels du pays en matière de santé.[22]

La gestion de la qualité, basée sur la gestion participative, a élargi le travail de gestion,
promouvoir la décentralisation et rendre le contrôle plus efficace. Cela a donné à la direction un nouveau rôle, celui d'agent de changement, de conseiller et d'éducateur, qui a contribué à maintenir une relation plus participative. [22]

La valeur ajoutée basée sur la connaissance des systèmes, les études de scénarios et l'apprentissage continu est devenue l'élément différenciateur. [23]

Avec la mise en œuvre de la gestion de la qualité, des gains ont été réalisés en termes de ressources humaines, garantissant la satisfaction des clients internes dans leur environnement de travail. Les besoins des clients ont été satisfaits, la société a été reconnue et les indicateurs statistiques de l'hôpital ont également évolué. [23]

Il a été confirmé que la gestion de la qualité a donné des résultats satisfaisants. La crédibilité du modèle de gestion est donc obtenue, démontrant que son applicabilité garantit la satisfaction des besoins des clients et des membres de l'organisation. [23]

Lipides et US-CRP

Les maladies cardiovasculaires sont la principale cause de décès, en particulier l'athérosclérose. Cette maladie est considérée comme un état inflammatoire actif et récurrent qui affecte les vaisseaux sanguins périphériques et centraux et son développement est lié à la présence de facteurs de risque.

Les facteurs de risque de développement athérogène comprennent les dyslipidémies, l'hypertension, le diabète, le tabagisme, l'inactivité physique, les antécédents familiaux et le syndrome métabolique. Le diagnostic, le suivi et le traitement des dyslipidémies sont principalement basés sur les concentrations sanguines des valeurs souhaitables et modifiées de ces lipides sériques, selon les III directives brésiliennes sur les dyslipidémies. [24]

Les valeurs du profil lipidique, le cholestérol total (CT), les triglycérides (TG) et le cholestérol des lipoprotéines de haute densité (HDLc) sont des références pour l'évaluation du risque cardiaque, le diagnostic des dyslipidémies et le suivi du traitement. Le choix des méthodes utilisées pour mesurer les lipides sanguins est donc extrêmement important. [24]

Le département d'athérosclérose de la Société brésilienne de cardiologie, compte tenu du large éventail de publications scientifiques sur le traitement des dyslipidémies et la prévention de l'athérosclérose et de l'importance de leur impact sur le risque cardiovasculaire, a réuni un comité d'experts pour présenter les lignes directrices brésiliennes actualisées sur les dyslipidémies et la prévention de l'athérosclérose, publiées dans les Archives brésiliennes de cardiologie en octobre 2013.[24] L'hypercholestérolémie est le principal facteur de risque modifiable d'après les études scientifiques. Il est donc cohérent que la réduction du cholestérol, en particulier des niveaux de LDLc, par des changements de mode de vie et des médicaments, au fil du temps, soit très bénéfique pour réduire les conséquences cardiovasculaires. [24]

[25]La CRP appartient à la famille des pentraxines et sa détermination dans les échantillons de sang est utilisée comme un facteur important pour évaluer les facteurs de prédisposition aux maladies cardiovasculaires et diagnostiquer les états

inflammatoires chez les patients souffrant de maladies ostéo-articulaires [26]. Actuellement, dans une population âgée de 40 à 79 ans, la distribution de la CRP sérique était similaire chez les hommes et les femmes après prise en compte du tabagisme et de l'utilisation d'un traitement hormonal substitutif. [27,28] Amer et al. étaient [22,29] ont constaté une augmentation des niveaux de CRP chez des Égyptiens âgés en bonne santé et Delongui et al.

ont décrit que les niveaux de CRP sérique variaient de <0,175-48,7 mg/L et étaient influencés par le sexe, l'âge et l'indice de masse corporelle (IMC) dans une population en bonne santé du sud du Brésil. De nouvelles méthodologies et stratégies de détection et de quantification de la CRP sont actuellement disponibles et impliquent des différences de spécificité et de sensibilité.[30] En outre, les contrôles des variables confusionnelles possibles sont souvent négligés. [30]

L'objectif de cette étude était donc d'évaluer les variations entre les valeurs du profil lipidique et l'US-CRP et de déterminer si ces altérations peuvent générer des résultats différents.

CHAPITRE 1

OBJECTIFS

1.1 Général

Évaluation de la phase pré-analytique et du contrôle de qualité interne. Étude comparative des tests biochimiques, y compris le profil lipidique (TC, HDLc et TG) et la PCR - US, effectués dans deux laboratoires d'analyse clinique.

1.2 Spécifique

Analyser les facteurs associés aux altérations pré-analytiques trouvées dans les tests de laboratoire ; comparer un échantillon de 103 résultats obtenus dans un laboratoire clinique universitaire et évaluer l'effet de la conservation à -80°C des analytes PCR-US, CT, TG et HDLc.

CHAPITRE 2

MATÉRIEL ET MÉTHODES

Cette étude a consisté en un examen systématique des modifications apportées aux tests de laboratoire en termes de durée de conservation des échantillons pour les profils lipidiques et l'US-CRP, ainsi qu'en une comparaison des résultats entre deux laboratoires.

Les recherches ont été effectuées dans des livres, des publications techniques et scientifiques et des bases de données, notamment PubMed et Scientific Electronic Library Online (SciELO).

2.1. Conception de l'étude

Nous avons utilisé les données du projet FIBRA réalisé dans un laboratoire de recherche clinique de la Faculté des Sciences Médicales de l'UERJ, LabLip, et le redosage dans le laboratoire clinique Cápsula, qui fournit des soins au public, tous deux situés dans la Polyclinique Piquet Carneiro.

Les échantillons de sang veineux ont été prélevés au cours des années 2010 et 2011, le matin (de 7h à 10h), après une nuit de jeûne, et le sérum et le plasma ont été traités le même jour. Des tubes à vide ont été utilisés pour le prélèvement, en suivant les recommandations et les précautions nécessaires pour obtenir des échantillons adaptés aux procédures de laboratoire.

2.2. Critères d'inclusion

Au total, 103 échantillons ont été choisis pour être redosés, car ils présentaient un volume suffisant pour les analyses requises. Les patients évalués présentaient les maladies suivantes : arthrose, ostéoporose et cancer, et certains étaient fumeurs.

2.3. Critères d'exclusion

Tous les échantillons présentant un volume insuffisant, une hémolyse, une lipémie, une identification inadéquate et un prélèvement ne répondant pas aux exigences fixées pour cette procédure dans le mode opératoire normalisé (MON) ont été exclus.

2.4. Contrôles de qualité

Les matériaux tels que les étalons, les calibrateurs, les contrôles, les réactifs et les fournitures utilisés dans la routine du laboratoire ont été analysés, en vérifiant les fournisseurs, la méthode de préparation, la durée de conservation, la conservation et le stockage.

2.5. Comparabilité

Cette étude compare les résultats du projet FIBRA entre deux laboratoires. [18]Cette étude a évalué 103 échantillons liés au projet et a été instruite sur les procédures de préparation de l'individu pour le prélèvement de l'échantillon, le jeûne, le régime alimentaire avant le prélèvement, la manipulation de l'échantillon, le transport, le stockage, l'élimination, parmi d'autres indications pertinentes. Nous avons également analysé le volume recommandé des échantillons et les conditions dans lesquelles ils pourraient devenir inacceptables, conformément au mode opératoire normalisé du laboratoire. Au cours de la phase pré-analytique, un questionnaire a été administré à chaque individu.

Les échantillons de sérum et de plasma ont été traités pour déterminer les analytes, puis conservés en aliquotes dans un *congélateur* à -80°C pendant trois ans.

Stockage

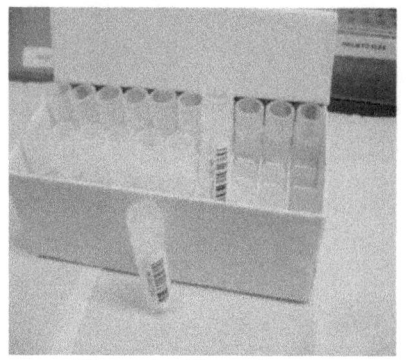

Figure 1 - Cryotubes

Source : Spinelli, 2012.

Ils ont été conditionnés dans des cryotubes et conservés dans un *congélateur* à -80°C. Les installations de stockage local des échantillons à -80°C ont été conçues pour conserver les aliquotes en toute sécurité.

2.6 Le projet FIBRA

Une étude a été menée pour déterminer le profil de risque et les facteurs associés à la fragilité des personnes âgées dans une communauté de la partie nord de la ville de Rio de Janeiro, au Brésil. La population cible était composée de personnes âgées de 65 ans et plus, vivant dans différents quartiers de cette localité, et de personnes provenant d'un prestataire de soins de santé. Il s'agissait d'une étude de cohorte transversale avec un échantillon stratifié par sexe et par âge. [5]

Cent trois échantillons ont été sélectionnés pour le redosage en raison du volume suffisant, dont 30 échantillons de plasma et 73 échantillons de sérum.

L'outil de dépistage RIP a été utilisé pour la stratification des risques. [5]

Une analyse de régression logistique a été réalisée pour étudier l'association entre les PIR et un ensemble de variables sociodémographiques, d'état de santé, fonctionnelles et cognitives, après une analyse bivariée. 6,7 % des personnes âgées présentaient un risque élevé d'hospitalisation. Les variables associées au risque d'hospitalisation sont le cancer, les chutes, la broncho-pneumopathie chronique obstructive et le diabète.

les médicaments utilisés, ainsi que les conditions suivantes : recevoir la visite d'un professionnel de la santé, avoir été alité à domicile, vivre seul et pratiquer les activités de la vie quotidienne. [5]

2.7 Procédures d'analyse

Laboratoire LabLip : Les analyses biochimiques du cholestérol total et des triglycérides ont été effectuées par la méthode de l'oxydase et de la peroxydase, celles du HDLc par la méthode du détergent direct et celles du PCR- US par la méthode de la turbidimétrie et du latex de haute sensibilité. Ces analytes ont été mesurés sur un appareil de lecture photométrique automatisé A25, brand Biosystems, conformément aux instructions du fabricant et aux protocoles du laboratoire. La performance du processus analytique a été évaluée par un système de contrôle de qualité utilisant des matériaux fournis par le PNCQ, Rio de Janeiro, Brésil et Prevecal, Espagne.

Figure 2 - Analyseur automatisé à accès aléatoire A25 utilisé pour les dosages biochimiques par spectrophotométrie et turbidimétrie

Laboratoire Cápsula : Les analyses biochimiques du cholestérol total et des triglycérides ont été réalisées par la méthode colorimétrique enzymatique, la méthode colorimétrique enzymatique homogène HDLc, la méthode de turbidimétrie à haute sensibilité PCR. Les analytes ont été mesurés sur un appareil automatisé Cobas Integra 400plus, qui a été utilisé pour effectuer les méthodologies suivantes : photométrie, turbidimétrie, fluorescence polarisée et potentiométrie à électrode sélective d'ions.

Figura 3 - Cobas Integra 400plus, analyseur automatisé à accès aléatoire et continu avec intégration de quatre principes de mesure

Le programme de contrôle de qualité externe de ControlLab a été utilisé pour évaluer les résultats analytiques.

Bien que les noms commerciaux soient différents pour chaque fabricant, les *kits* se réfèrent au même principe méthodologique.

Tableau 1 - Description du système de qualité de LabLip

Analectes	CQI	Fabricant	CQE	Méthodologie
PCR-US	Contrôle de la protéine serun I			Turbidimétrie
CT	Contour humain I (normal) et Contour humain II (pathologique)	Biosystèmes	Prevecal PNCQ	Spectrophotométrie
HDLc	Contrôle des lipides Serun I			Spectrophotométrie
TG	Cont. humain I (normal) et			Spectrophotométrie

		humain cont. II (pathologique)		

Source : L'auteur, 2015.

Tableau 2 - Description du système de qualité de Cápsula

Analectes	CQI	Fabricant	CQE	Méthodologie
PCR-US	Protéine Precinorm	Roche	ControlLab	Turbidimétrie
CT	Precinorm U plus et precipath U plus			Colorimétrie enzymatique
HDLc	HDLc Precinorm			Colorimétrie enzymatique
TG	Precinorm U plus et precipath U plus			Colorimétrique enzymatique

Source : L'auteur, 2015.

2.8 Analyse statistique

Les programmes EPI info et Excel ont été utilisés pour l'analyse statistique des données.

CHAPITRE 3

RÉSULTATS

Le tableau ci-dessous montre les résultats qui ont été dosés à LabLip (2010 et 2011) et redosés à Cápsula (2014).

Tableau 3 - Représentation des résultats du dosage du sérum

NIC	CT (mg/dL) LabLip	TC (mg/dL) Capsule	TG (mg/dL) LabLip	TG (mg/dL) Capsule	HDLc (mg/dL) LabLip	HDLc (mg/dL) Capsule	PCR-US (mg/dL) LabLip	PCR-US (mg/1) Capsule	OBS
6963	232	196	129	93	47	32	0,29	2,1	
7039	213	264	171	211	39	32	0,24	1,8	
7077	137	121	102	83	54	44	0,15	8,2	
7078	193	224	126	120	76	66	0,32	2,6	
7079	221	270	116	128	47	42	0,42	4,3	
7080	192	182	64	62	59	46	0,22	3,7	
7081	143	171	74	124	65	37	0,26	0,5	
7134	217	208	129	131	64	41	0,34	2,2	
7136	245	237	191	176	49	37	0,24	1,0	
7137	241	316	204	269	53	39	0,17	1,2	
7139	151	135	103	95	58	44	0,2	0,9	
7182	233	226	144	113	78	53	0,17	1,1	
7184	244	215	108	92	45	23	0,1	0,4	
7188	202	203	100	124	73	61	0,25	2,2	
7189	217	203	131	136	51	34	0,08	1,8	
7190	170	171	128	172	54	37	0,05	2,3	
7197	131	117	187	125	35	25	0,05	3,6	
7202	179	210	46	109	88	39	0,07	4,9	
7203	199	196	55	92	105	42	0,09	0,8	
7204	188	207	66	126	70	66	0,08	1,3	
7212	246	202	347	217	42	24	0,17	1,0	
7213	234	255	275	259	59	36	0,24	1,7	
7214	169	173	113	108	45	32	1,73	12,4	
7251	203	209	61	71	65	43	0,19	1,0	
7252	224	248	148	163	38	28	0,11	0,4	
7259	220	220	86	111	67	44	0,27	1,3	
7302	178	203	160	192	50	35	0,9	7,3	
7303	158	134	79	80	58	41	1,84	16,0	
7386	224	244	182	166	60	42	0,26	2,2	
7390	183	217	199	193	50	38	0,43	4,0	
7399	120	124	99	116	39	35	0,33	3,0	

7446	210	217	78	84	46	31	0,81	7,7	
7449	268	219	486	358	36	13	0,21	1,8	
7492	237	219	209	166	41	23	0,3	1,2	H+
7500	135	112	156	122	47	31	0,15	0,6	

Légende : hémolysat (H).
Source : L'auteur, 2014.

Tableau 3 - Représentation des résultats du dosage du sérum

7501	287	248	87	161	67	33	0,06	1,6
7503	168	138	120	106	41	28	0,21	1,5
7515	188	210	129	132	60	38	0,46	6,5
7523	136	141	88	88	32	25	0,27	2,0
7524	212	224	129	123	54	35	0,07	0,5
7525	194	243	123	136	56	46	0,33	2,6
7526	178	194	169	158	35	26	0,12	0,9
7527	142	234	133	179	44	51	0,44	5,3
7528	169	189	186	185	44	29	1,56	14,2
7578	159	211	89	104	59	55	0,11	0,9
7585	151	193	59	81	45	42	0,12	1,1
7586	204	212	56	69	57	52	0,14	1,3
7597	249	256	208	189	34	18	0,22	1,8
7599	190	153	128	99	57	32	0,08	0,5
7600	178	186	66	68	53	43	0,1	0,7
7602	224	243	166	155	51	27	0,4	3,4
7605	190	200	94	94	61	48	0,09	0,5
7607	231	280	102	118	72	62	0,18	1,4
7608	173	181	182	174	51	38	0,38	2,4
7609	257	267	110	115	66	52	0,49	3,8
7619	182	185	66	67	63	53	0,4	3,2
7620	226	246	297	297	59	40	0,13	0,9
7625	181	204	89	86	59	50	0,20	1,3
7804	256	281	111	121	60	44	0,11	0,7
7916	226	247	167	161	54	37	0,50	2,7
7917	206	226	57	59	57	53	0,51	4,3
7918	223	215	272	269	42	27	0,13	1,1
7977	169	192	168	169	49	33	0,35	2,9
8060	180	218	99	105	64	57	0,12	0,9
8066	165	180	123	122	43	33	0,18	1,4
8067	259	289	137	142	67	50	0,89	8,6
8068	228	251	112	119	47	31	1,29	16,1
8069	183	206	92	98	77	67	0,26	2,1
8070	145	158	122	118	62	56	1,27	12,5
8071	175	188	140	145	53	37	1,29	13,6
8072	168	180	129	124	52	36	0,85	7,5
8077	211	224	222	218	51	35	0,46	4,2
8078	172	185	189	189	42	29	0,15	1,1

Source : L'auteur, 2014.

Tableau 4 - Représentation des résultats du dosage plasmatique

NIC	CT (mg/dL) LabLip	TC (mg/dL) Capsule	TG (mg/dL) LabLip	TG (mg/dL) Capsule	HDLc (mg/dL) LabLip	HDLc (mg/dL) Capsule	PCR-US (mg/dL) LabLip	PCR-US (mg/1) Capsule	OBS.
7076	190	157	139	108	52	32	0,15	0.5	
7082	282	246	135	101	53	36	0,27	1.9	
7132	235	233	87	88	90	71	0,98	5.8	
7181	276	247	215	159	47	29	1,78	15.3	
7183	180	144	54	43	74	57	0,70	5.6	
7187	188	146	94	94	65	52	0,2	0.9	
7195	156	152	146	125	41	28	0,92	7.2	
7196	224	221	161	139	48	35	0,01	3.1	
7249	207	207	127	103	70	46	0,29	2.2	
7250	195	211	118	119	54	47	0,1	0.2	
7253	229	235	79	91	95	70	0,09	0.2	
7258	249	219	51	73	83	53	0,15	0.7	
7260	241	208	90	95	55	32	0,58	1.6	
7266	127	139	49	63	56	36	0,11	0.4	
7387	204	215	138	130	61	40	0,57	7.6	
7395	179	219	558	554	38	15	0,16	0.7	LT
7397	172	176	152	144	43	39	0,3	2.3	
7432	173	189	209	198	69	54	0,16	0.9	
7433	193	199	85	86	53	38	0,25	2.8	
7434	293	304	236	206	48	26	0,77	9.5	
7435	214	227	68	75	87	72	0,08	0.7	
7448	233	212	139	138	39	29	0,33	2.8	
7450	239	238	206	218	44	27	0,17	1.0	
7506	234	236	203	176	56	34	0,33	2.8	
7517	100	121	109	105	45	33	0,11	0.8	
7519	178	204	173	162	48	30	0,82	6.9	
7529	147	161	104	99	43	30	0,45	3.5	
7581	210	200	177	147	34	22	1,21	9.4	
7601	154	152	126	109	33	19	1,49	16.7	
7624	160	171	174	162	55	42	0,75	6.5	

Légende : légèrement trouble (LT).

Source : L'auteur, 2014.

Les résultats des analyses statistiques des données sont présentés dans les graphiques 1-4 avec des unités en mg/dL, redosage dans le laboratoire Cápsula en 2014.

Correlação Linear TG - Soro

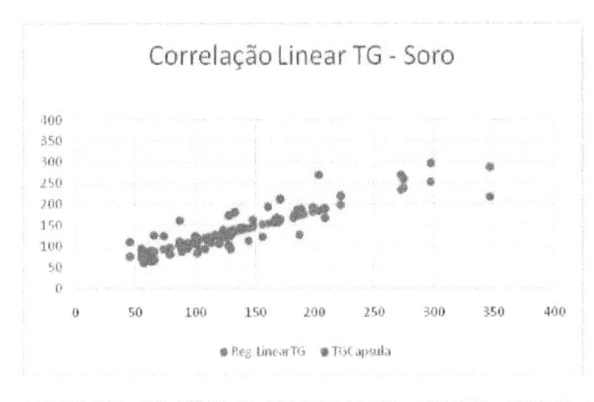

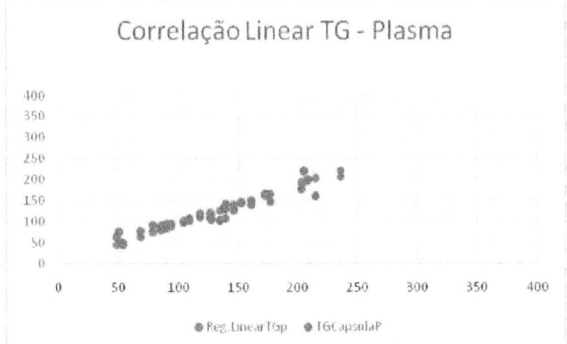

Correlação Linear TG - Plasma

Graphique 1 - Représentatif de la comparaison des résultats de triglycérides dans les laboratoires LabLip et Cápsula

Source : L'auteur, 2015.

Régression linéaire

TG	Sérum	Plasma
N	73	30
Corrélation r	0,90	0,98
Médiane	124	114
Coefficient de corrélation r^2	0,80	0,97

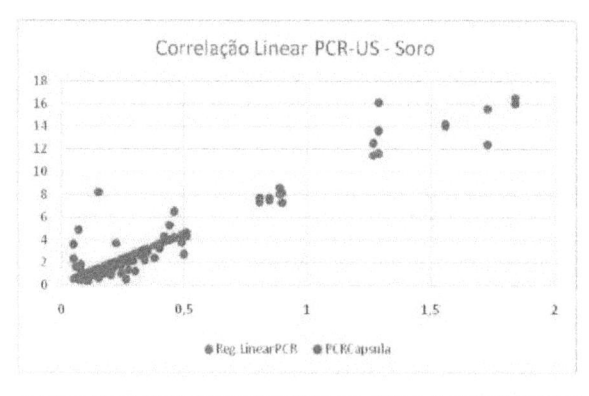

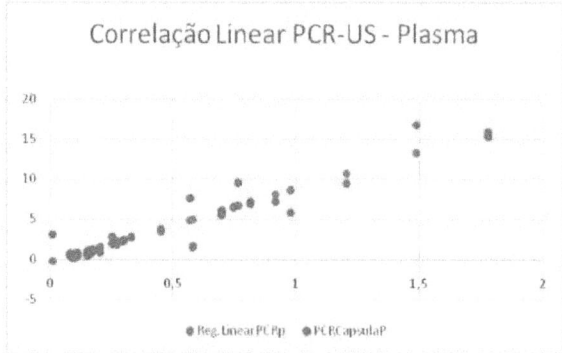

Graphique 2 - Représentatif de la comparaison des résultats de la PCR-US dans les laboratoires LabLip et Cápsula

Source : L'auteur, 2015.

Régression linéaire

PCR-US	Sérum	Plasma
N	73	30
Corrélation r	0,93	0,94
Médiane	1,8	2,55
Coefficient de corrélation r^2	0,86	0,88

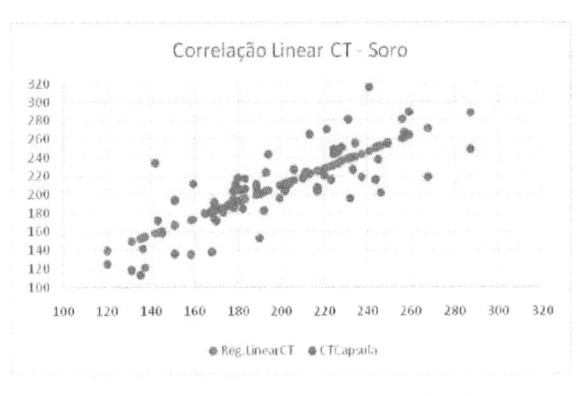

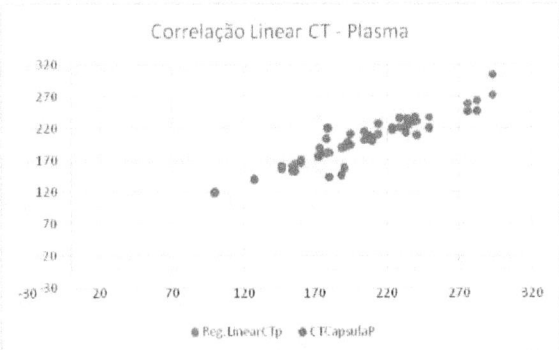

Graphique 3 - Comparaison des résultats du cholestérol total dans les laboratoires LabLip et Cápsula

Source : L'auteur, 2015.

Régression linéaire

CT	Sérum	Plasma
N	73	30
Corrélation r	0,79	0,88
Médiane	209	207,5
Coefficient de corrélation r^2	0,62	0,78

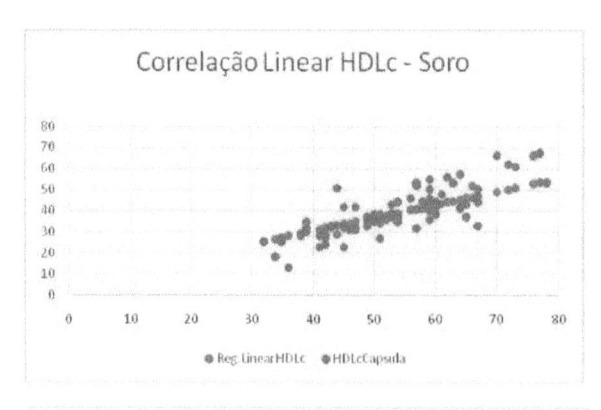

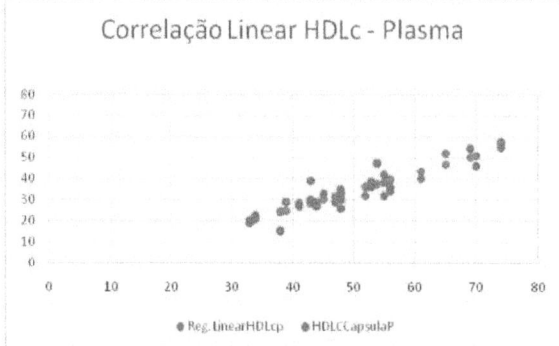

Correlação Linear HDLc - Soro

Correlação Linear HDLc - Plasma

Graphique 4 - Comparaison des résultats de HDLc dans les laboratoires LabLip et Cápsula

Source : L'auteur, 2015.

Régression linéaire

HDLc	Sérum	Plasma
N	73	30
Corrélation r	0,70	0,94
Médiane	38	35,5
Coefficient de corrélation r^2	0,48	0,89

Tableau 5 - *Résultats du test t par paires*

Analyses	P	T	DF	Epd
Sérum				
*CT	0,0012	3,3687	72	3,066
TG	0,8252	0,2217	72	3,832
*HDLc	0,0001	13,4361	72	1,131
PCR-US	0,1207	1,5705	72	0,017
Plasma				

CT	0,5318	0,6328	29	3,845
*TG	0,0041	3,1199	29	3,120
*HDLc	0,0001	16,4397	29	1,024
PCR-US	0,0126	2,6605	29	0,028

*Résultats statistiquement significatifs.
Légende : valeur p bilatérale (p) ; distribution (t) ; degrés de liberté (df) ; erreur standard de la différence (Epd). Source : L'auteur, 2015.

Pour les mesures US-CRP et TG, les échantillons de sérum conservés par congélation à - 80°C n'ont pas changé au cours des trois années de conservation, leurs valeurs étant restées stables. Nous avons obtenu un coefficient de corrélation de : PCR-US 0,86 et TG 0,80, respectivement.

Nous avons observé qu'il n'y avait pas de différence statistiquement significative, ce qui montre que la méthode de stockage est adéquate.

Le plasma avec EDTA est un matériau très flexible pour la conservation de ces dosages, à condition que les conditions de collecte soient respectées et que la température appropriée pour la conservation soit maintenue.

Quant aux résultats obtenus pour le dosage des HDLc, il a été constaté qu'après congélation dans le laboratoire Cápsula, ils présentaient un coefficient de corrélation : sérum 0,48 inférieur à ceux présentés dans LabLip, montrant des différences statistiques significatives, confirmant l'information citée dans la notice du *kit* Roche, car les HDLc ne peuvent pas être analysés dans le sérum des échantillons congelés pendant plus de 30 jours à -80°C.

Le test par paires a montré des résultats statistiquement significatifs dans les échantillons de plasma pour les analytes TG et HDLc et dans le sérum pour TC et HDLc, voir tableau 5.

CHAPITRE 4

DISCUSSION

Selon Thorense et al [31], les échantillons de plasma conservés par congélation à -80°C n'ont pas changé pendant 240 jours de stockage, les valeurs de cholestérol et de triglycérides étant restées stables. Les études liées à nos procédures montrent qu'il n'y a pas eu de changement lorsque l'on a travaillé avec des échantillons de rats Wistar.[32,33]

Contrairement à cette étude, qui a utilisé du sérum et du plasma chez l'homme, les taux de CT ont également diminué après que les échantillons aient été conservés congelés à -80°C. Après trois ans, ils ont été refaits et le coefficient de corrélation a été obtenu : sérum 0,62, plasma 0,78.

Nous avons vérifié que les informations données dans la notice du kit Roche sont très fiables, car le HDLc ne peut pas être analysé dans le sérum dans des échantillons congelés pendant plus de 30 jours à -80°C, le coefficient de corrélation dans le sérum était de 0,48, mais dans le plasma il est resté stable avec un coefficient de corrélation de 0,89.

Des études menées dans différents laboratoires montrent que les principaux changements à l'origine des erreurs décrites dans la recherche sont le temps de stockage, avec 78,6 %.[34]

Les processus effectués dans la phase pré-analytique ont été corrects dans les deux laboratoires, et toute erreur dans cette phase peut être exclue.

La détermination des lipides sériques peut être influencée par divers facteurs pré-analytiques. Les facteurs liés au prélèvement (posture, durée du garrot) et à l'obtention, la manipulation et la conservation de l'échantillon doivent être soigneusement contrôlés par les laboratoires. Il existe également des facteurs pré-analytiques exclusivement liés à l'individu, tels que l'exercice physique, le régime alimentaire, la consommation d'alcool, le tabagisme, la grossesse et autres. Ces aspects se traduiront par des valeurs numériques différentes dans les dosages.[35]

Dans le laboratoire clinique, le système de contrôle de la qualité peut être défini comme l'ensemble des actions systématiques nécessaires pour donner confiance aux procédures de laboratoire afin de répondre aux besoins de santé de l'individu et d'empêcher les erreurs de se produire.[36,4,37]

La gestion de la qualité est très pertinente, car elle associe les difficultés de mise en œuvre des systèmes de qualité dans les organismes publics.

La MQ est donc un instrument autour duquel les institutions peuvent être restructurées pour répondre aux besoins réels du pays en matière de santé. [22]

Pour garantir la qualité de la diffusion des résultats par les laboratoires, des contrôles intra-laboratoires et inter-laboratoires sont effectués. Les contrôles intra-laboratoires sont commerciaux et achetés auprès d'une société reconnue par l'ANVISA. Tous les résultats ne sont diffusés qu'après vérification des contrôles sur la carte de Levy-Jennings, qui n'autorise que deux écarts types vers le haut et vers le bas.

Par conséquent, les deux laboratoires disposaient de contrôles internes et d'équipements adéquats pour les méthodologies utilisées afin d'obtenir des résultats fiables.

La méthodologie utilisée comprend des *kits* commerciaux standardisés (Biosystems et Roche) pour la mesure du cholestérol total, du HDLc, du PCR-US et des triglycérides. Les notices des *kits* mentionnent le temps de conservation, tandis que Biosystems ne fournit aucune information sur la conservation à -80°C. Les analytes étudiés ont pu être mesurés dans le sérum et le plasma avec EDTA.

Le principe de la méthode TC est colorimétrique enzymatique, les esters de cholestérol sont clivés par l'action de la cholestérol estérase et produisent du cholestérol libre et de l'acide gras. HDLc La concentration de cholestérol HDLc est déterminée par voie enzymatique, par la cholestérol estérase et la cholestérol oxydase couplées au polyéthylène glycol pour les groupes aminés (environ 40 %). [38] Dans la TG, les triglycérides sont rapidement et complètement hydrolysés en glycérol, puis oxydés en dihydroxyacétone phosphate et en peroxyde d'hydrogène. Le peroxyde d'hydrogène produit réagit ensuite avec la 4-aminophénazone et le 4-chlorophénol sous l'action catalytique de la peroxydase pour former un colorant rouge (réaction au point final de Trinder). L'intensité de la couleur du colorant rouge formé est directement proportionnelle à la concentration de triglycérides et peut être déterminée par photométrie.[39]

La PCR-US est basée sur la méthode de turbidimétrie avec intensification de la réaction des particules.[40]

Il existe des procédures qui rendent le stockage plus sûr, grâce à la biobanque, dont l'objectif est de stocker la collection de différents types de matériel biologique, liés à des informations médicales individuelles, impliquant également un grand nombre de participants impliqués dans une étude ou une institution particulière. [41]

L'importance de la biobanque est de permettre l'élaboration de futures études de cohortes de cas qui aideront les procédures scientifiques. [41]

CHAPITRE 5

CONCLUSIONS

Il a été confirmé que dans l'ensemble des tests, US-CRP, TC, TG et HDLc, effectués entre deux laboratoires différents et en utilisant les mêmes méthodologies, il y avait des altérations significatives dans les échantillons de sérum mesurés pour le HDLc et le TC. Bien que les résultats concernant les triglycérides n'aient pas changé avec le temps de stockage, le profil lipidique a été compromis, car nous avons constaté des changements significatifs dans toutes les analyses effectuées sur des échantillons stockés pendant trois ans. [42,43,44]Nous avons constaté qu'aucune des études utilisant des échantillons congelés ne dépassait deux ans. "[45,46]

Les données obtenues à partir de l'évaluation des résultats de différents laboratoires et des durées de conservation ont révélé que les échantillons de sérum, lorsqu'ils sont conservés pendant une longue période après le redosage, présentent des différences au niveau de certains analytes, tels que le TC et le HDLc.

Il a été observé qu'il n'y avait pas de différence statistique dans le sérum en ce qui concerne les TG et la PCR-US dans les échantillons conservés pendant trois ans, contrairement aux analytes CT et HDLc qui, lorsqu'ils sont redosés dans le sérum, présentent des résultats relativement réduits. En ce qui concerne le plasma, le redosage de tous les analytes (CT, HDLc, TG et PCR-US) après trois ans de stockage à - 80°C a généré des résultats qui ont été appliqués au *t-student* et ont maintenu la stabilité des échantillons, à l'exception des TG et HDLc, qui ont également montré des résultats réduits.

CHAPITRE 6

RÉFÉRENCES

1- Plebani, M. Explorer l'iceberg des erreurs en médecine de laboratoire. Clin Chim Acta. 2009 Mar 18. 404 : 16-23.

2- O'Kane, M. , Lynch, P.L.M. , Mc Gowan, N. Development of a system for the reporting, classification and grading of quality failures in the clinical biochemistry laboratory. Annals of Clinical Biochemistry. 2008. 45(2) : 129-134.

3- Stein E.A. Lipides, lipoprotéines et apolipoprotéines. In : Tietz NW, ed. Fundamentals of Clinical Chemistry. 3rd ed. Philadelphia : WB Saunders ; 1987:448-481.

4- Berlitz, F.A. Quality control in the clinical laboratory : aligning process improvement, reliability and patient safety. J Bras Patol Med Lab. 2010. 46(5)353-63.

5- Lourenço, R. A. Rede FIBRA-RJ : frailty and risk of hospitalisation in elderly people in the city of Rio de Janeiro, Brazil. 2014. [consulté le 7 janvier 2014]. Disponible à l'adresse : http://www.scielosp.org/pdf/csp/v29n7/12.pdf pdf.

6- Fried, L.P. et al. Frailty in older adults : evidence for a phenotype. J Gerontol A Biol SciMed Sci 2001. 56:M146-56.

7- Pacala, J.T., Boult C., Boult L. Predictive validity of a questionnaire that identifies older persons at risk for hospital admission. J Am Geriatr Soc 1995;43:374-77.

8- Katz, S. et al. Studies of illness in the aged. The index of ADL : a standardised measure of biological and psychosocial function. JAMA 1963;185:914-9.

9- Lippi G. et al. Preanalytical variability:the dark side of the moon in laboratory testing.
Clin Chem Lab Med 44 (4) 358-365, 2006.

10- Mauricio, Pacheco de Andrade. Une structure de données proposée pour une application dans l'investigation des processus analytiques dans les laboratoires cliniques. [dissertation]. Faculté des sciences pharmaceutiques ; 2007.

11- Guder, W.G, et al. Samples : From the patient to the laboratory. L'impact des variables préanalytiques sur la qualité des résultats de laboratoire. 2.ed. Darmstadt : Cit Verlag GMBH ; 2001.

12- McPherson, R.A. ; Pincus, M.R. Henry's clinical diagnosis and management by laboratory methods. 21.ed. Philadelphie : Saunders Elservier, 2007.

13- Valenstein, P. N. ; Sirota, R. L. Erreurs d'identification en pathologie et en médecine de laboratoire. Clin. Lab. Med. 2004. 24 (4) : 979-96.

14- Sirota, R. L. Error and error reduction in pathology. Arch. Pathol. Lab. Med. 2005. 129(10) : 1228-1233.

15- CLSi H3-a6, Procédures de prélèvement d'échantillons sanguins diagnostiques par ponction veineuse ; norme approuvée, 6e éd.

16- Frazer, C.G. Biological variation : from principles to practice. Washington : AACC Press ; 2001.

17- Société brésilienne de pathologie clinique/médecine de laboratoire. Programme d'accréditation des laboratoires cliniques - PALC. Standard PALC - Version 2013. [consulté le 16 janvier 2014]. Disponible à l'adresse : www.sbpc.org.br.

18- NCCLS. H21-A4. Collecte, transport et traitement des échantillons de sang pour les tests de coagulation à base de plasma. 2003.

19- Société brésilienne de pathologie clinique/médecine de laboratoire. Recommandations de la Société brésilienne de pathologie clinique/médecine de laboratoire pour le prélèvement de sang veineux. 2.ed. Barueri : Minha Editora ; 2010.

20- Moura RA, Wada CS, Purchio A, Almeida TV. Techniques de laboratoire. São Paulo : Atheneu ; 1998.

21- Chaves CD. Contrôle de la qualité dans le laboratoire d'analyse clinique. J Bras Patol Med Lab 2010;46(5):352.

22- Roesh, S.M.A. ; Antunes, E.D.D. ; Total quality management : top-down leadership versus participative management. Rev Adm. 1995 ; 30(3):38-49.

23- Barbosa, A.P. Qualidade em serviços de saúde : análise dos instrumentos utilizados na promoção e garantia da qualidade na prestação de serviços hospitalares em um hospital geral de grande porte no município de São Paulo [thèse]. São Paulo : Getúlio Vargas Foundation Business School ; 1995.

24- - Xavier, H.T.I., M.C. et al. V Diretriz Brasileira de Dislipidemias e Prevenção da Aterosclerose. Arq. Bras. Cardiol. 2013;101(4 Supl1) : 22.

25- Maekawa, Y., T. Nagai et A. Anzai. Pentraxins : CRP and PTX3 and cardiovascular disease (Pentraxines : CRP et PTX3 et maladies cardiovasculaires). Inflamm Allergy Drug Targets. 2011;10(4) : 229-35.

26- Salazar, J., et al, C-reactive protein : clinical and epidemiological perspectives. Cardiol Res Pract, 2014.

27-Ahmadi-Abhari, S., et al, Distribution and determinants of C-reactive protein in the older adult population : European Prospective Investigation into Cancer-Norfolk study. Eur J Clin Invest. 2013 ; 43(9) : 899-911.

28-Amer, M.S., et al, High-sensitivity C-reactive protein levels among healthy Egyptian elderly. J Am Geriatr Soc. 2013 ; 61(3) : 458-9.

29- Delongui, F., et al, Serum levels of high sensitive C reactive protein in healthy adults from Southern Brazil. J Clin Lab Anal. 2013 ; 27(3) : 207-10.

30- Braga, F., M. Panteghini. Variabilité biologique de la protéine C-réactive : les informations disponibles sont-elles fiables ? Clin Chim Acta, 2012. 413(15-16) : 1179-83.

31- Thorense, S.I. et al. Effects of storage time chemistry results from canine whole blood, heparinised whole blood, serum and heparinised plasm.Vet Clin Pathol. 1998 ; 21(3):88-94,

32- Spinelli O. M. et al - Effect of temperature and time on the storage of metabolites in the PLASMA of recently weaned wistar rats, Revista da Sociedade Brasileira de Ciência em Animais de Laboratório, São Paulo, Brazil.

33- Oliveira, F.S. et al. Effect of freezing and storage time of lamb blood serum on the determination of biochemical parameters. Semina : Ciências Agrárias, 2011 ;. 32(2):717-722.

34- Costa, V.G. et al. Main biological parameters evaluated in errors in the pre-analytical phase of clinical laboratories : a systematic review. J Bras Patol Med Lab. 2012 ; 48(3):163- 168.

35- IV Brazilian Guidelines on Dyslipidemias and Atherosclerosis Prevention Guideline of the Atherosclerosis Department of the Brazilian Society of Cardiology. Arq. Bras Cardiol 2007 ; 88.

36- Lopes, H.J.J. Assurance et contrôle de la qualité dans le laboratoire clinique. Avis technique et scientifique de Gold Analisa Diagnóstico Ltda [accès en 20148 mai]. Disponible à l'adresse http://www.goldanalisa.com.br/publicacoes/Garantia_e_Controle_da_Qualidade_no_Laborato rio_Clinico.pdf

37- Motta, V.T. Bioquímica clínica para o laboratório : princípios e interpretações. Caxias do Sul : EDUCS ; 2003.

38- Sugiuchi H, Uji Y, Okabe H, Irie T et al. Direct Measurement of High-Density Lipoprotein Cholesterol in Serum with Polyethylene Glycol-Modified Enzymes and Sulfated a-Cyclodextrin. Clin Chem 1995;41:717-723.

39- Wahlefeld AW, Bergmeyer HU, eds. Methods of Enzymatic Analysis. 2nd English ed. New York, NY : Academic Press Inc, 1974:1831.

40- Breuer J. Report on the Symposium Drug Effects in Clinical Chemistry Methods. Eur J Clin Chem Clin Biochem 1996;34:385-386.

41- Hallmans G.,Vaught J.B. Best practices for establishing a biobank. Methods Mol.Biol. 2011 ; 675 : 241-60.

42- Kale, V.P. et al. Effect of repeated freezing and thawing on 18 clinical chemistry analytes in rat serum. J Am Assoc Lab Anim Sci. 2012. Jul ; 51(4):475-8.

43- Cuhadar, S. et al - Stability studies of common biochemical analytes in serum separator tubes with or without gel barrier subjected to various storage conditions. Biochem Med (Zagreb) 2012 ; 22(2):202-14.

44- Brinc, D. et al. Long-term stability of biochemical markers in paediatric serum specimens stored at -80 °C : a CALIPER Substudy. Clin Biochem. 2012;45(10-11):816-26.

45- Tanner, M. et al. Stability of common biochemical analytes in serum gel tubes subjected to various storage temperatures and times pre-centrifugation. Annals of Clinical Biochemistry. 2008 ; 45(Pt 4):375-379.

46- Cray, C. et al. Effects of storage temperature and time on clinical biochemical parameters from rat serum. J Am Assoc Lab Anim Sci. 2009 ; 48(2):202-4.

ANNEXE A - Questionnaire réalisé dans la phase pré-analytique du projet FIBRA

Course

1- Quelle est votre couleur ou votre race ?
( )Blanc
( ) Noir
( ) Mulâtre / cabocla / parda
( ) Indigènes
( ) Jaune / oriental
( ) NS
( ) NA
( ) NR

Habitudes de vie : Tabagisme

2- Fumez-vous actuellement ?
( ) Oui
( ) Non
( ) NS
( ) NA
( ) NR

2.1- Pour ceux qui ont répondu OUI, demandez : "Depuis combien de temps êtes-vous fumeur ?

2.2- Pour ceux qui ont répondu NON, demandez :
( ) Jamais fumé ?
( ) Avez-vous déjà fumé et arrêté ?
( ) NS
( ) NA
( ) NR

Utilisation de médicaments

3- Combien de médicaments avez-vous utilisés régulièrement au cours des trois derniers mois, qu'ils vous aient été prescrits par votre médecin ou que vous les ayez pris de votre propre chef ?
3.1- Pouvez-vous utiliser le médicament correctement sans aide ?
3.2- Êtes-vous en mesure d'utiliser les médicaments, mais avez-vous besoin d'une aide quelconque ?
3.3- Pouvez-vous prendre vos médicaments sans aide ?

Exercices

4- Faites-vous de l'exercice ? Quels exercices ?

Santé physique perçue

5- Maladie cardiaque telle que l'angine de poitrine, l'infarctus du myocarde ou la

crise cardiaque ?
   6- Hypertension ?

      7- Accident vasculaire cérébral ? Ischémie cérébrale ?
      8- Arthrite, arthrose ou rhumatisme ?
      9- Dépression ?
      10-Ostéoporose ?
      11-Cancer ?

ANNEXE B - Données FIBRA II

NIC	Genre	L'âge	HAS	AVE	Disli p.	Cancer	Loc canc	Démence	Osteo 2	De l'ost	Loc ost	Pes.	Hauteur
7506	F	98	999	999	999	999	999	1	Pododacilios	999	999	36	148
7266	M	79	1	1	1	1	999	2	999	1	999	69	162
7395	M	84	1	2	1	2	999	2	999	2	999	79	166
7527	F	85	999	999	999	999	999	1	999	999	999	999	999
7449	M	67	1	2	2	2	999	2	999	2	999	79	164
7804	F	89	2	2	1	2	999	1	999	2	999	60	158
7181	M	80	2	1	2	2	999	1	999	2	999	63	165
7182	M	69	2	2	2	2	999	2	999	2	999	70	162
7213	F	81	1	1	1	2	999	2	999	2	999	65	150
7250	F	88	1	2	2	2	999	1	999	2	999	45	148
7258	M	84	2	2	1	2	999	2	999	2	999	78	165
7259	M	81	1	2	2	2	999	2	999	2	999	75	162
7917	F	81	1	2	1	2	999	2	999	2	999	64	147
7916	M	86	2	2	0	2	999	2	999	2	999	70	166
8072	F	89	999	999	999	999	999	1	Genou	999	999	999	999
8066	M	69	2	1	0	2	999	2	999	2	999	84	170
8078	F	90	999	999	999	999	999	1	999	999	999	55	146
7625	F	87	1	1	1	2	999	1	999	2	999	999	999
7203	F	73	1	2	2	2	999	2	999	2	999	67	159
7585	M	82	2	2	2	2	999	2	999	2	999	66	175
7081	F	84	999	999	999	999	999	1	Colonne	999	999	46	143
7251	M	67	2	2	2	2	999	2	999	2	999	74	163
7523	M	75	2	2	1	2	999	2	Chute	1	Chute	64	165
7578	F	84	1	2	2	2	999	1	Ne sait pas	2	999	60	165
24													
7080	F	74	999	999	999	999	999	1	999	999	999	71	160
7190	F	88	999	999	999	999	999	1	999	999	999	56	142
7136	M	96	2	2	2	999	999	1	°3 outodicle gauche	2	999	42	148
7977	F	75	1	2	2	2	999	1	999	2	999	89	167
7529	F	97	999	999	999	999	999	1	999	999	999	999	999
7602	F	78	999	999	999	999	999	1	999	999	999	999	999
7619	F	82	999	999	999	999	999	1	999	999	999	40	147

7082	M	76	999	999	999	999	1	999	999	999	58	166
8068	M	91	999	999	999	999	1	Ostéoporose	999	999	48	165
7528	F	93	2	2	2	2	999	1	999	2	999	73	144
7620	F	71	2	2	2	1	Sein gauche (1997)	2	999	2	999	59	148
7446	F	84	1	2	2	1		1		1	Colonne,	65	154
7599	F	80	1	2	2	1	Endomètre en 2003	1	999	1		83	150
8071	F	84	1	2	2	1	Maman	2		1		57	152
7188	F	83	1	2	2	1		2	Genou, fracture vertébrale, brassard	1		64	150
7387	M	70	1	2	1	1		1	999	1	Genou, lombaire, dorsal,	76	162
7302	F	78	1	2	1	1		2		1		66	152
14												
7212	M	86	1	1	2	2	999	1	Lombaire	1	Lombaire	63	173
7607	M	82	2	2	2	2	999	2	Scoliose	1	Scoliose	69	179
2												
7039	F	92	999	999	999	999	999	1	Arthrose, ostéoporose	999	999	60	149
7303	F	71	1	2	1	2	999	2	Ostéoporose	1	Fracture vertébrale traumatique	66	152
7253	F	85	1	2	1	2	999	2	Ostéoporose	1	Ostéoporose	43	147
7435	F	73	1	2	1	2	999	2	Ostéoporose	1	Ostéoporose	57	154
7183	F	73	2	2	2	2	999	2	Ostéoporose	1	Ostéoporose	49	156
7600	F	91	2	2	2	2	999	1	Ostéoporose du fémur	2	999	52	147
7432	F	78	2	2	1	2	999	2	Ostéoporose	1	Ostéoporose	60	142
7519	F	75	1	2	1	2	999	2	Ostéoporose	1	Ostéoporose	60	155
7132	F	80	1	2	1	2	999	2	Ostéoporose	1	Ostéoporose	40	145
7252	F	86	1	2	1	2	999	1	Arthrite du genou	1	Ostéoporose	52	146

7624	F	82	1	2	2	2	999	1	Ostéoporose	0	Douleur à la jambe	72	148
7139	F	78	1	1	1	2	999	1	Ostéoanthose des genoux / ostéoporose	1	Ostéoporose	83	162
7450	F	90	1	2	1	2	999	2	Colonne	1	Colonne	70	149
8069	F	75	1	2	2	2	999	2	Ostéopéma	1	Ostéopéma	60	154
7601	M	91	2	1	1	2	999	2	Gonarthrose	1	Jambes	59	169
7500	F	73	1	1	1	2	999	2	Colonne vertébrale / fémur	1	Lombaire / cervical	72	157
7202	F	93	2	2	1	2	999	1	999	1	Genoux	999	9999
7196	M	82	2	2	0	2	999	2	Epaule droite	1	Epaule droite	56	174
7079	F	78	2	2	2	2	999	1	Armo se	1	Genoux	58	163
8060	F	70	1	2	1	2	999	2	Ostéopénie	1	Ostéopénie	65	150
7390	F	81	1	2	1	2	999	2	999	1	Genoux	63	148
7501	F	68	1	2	1	2	999	999	999	1	Colonne vertébrale/fémur	59	151
8067	F	78	1	2	1	2	999	2	Genou, bas du dos	1	Genou, colonne vertébrale	112	162
7597	F	80	1	1	1	2	999	2	999	1	Ténosynovite de la main.	64	145
7197	F	70	1	2	1	2	999	2	999	1	Ostéopénie	66	160
7189	M	80	1	2	2	2	999	2	La main	1	Mains et pieds	65	170
7077	F	73	2	2	2	2	999	1	Genou	1	Genou	61	155
7214	F	88	1	2	2	2	999	2	Genoux	1	Genoux	60	162
7526	F	73	1	2	1	2	999	2	Mains, épaules, genoux, colonne vertébrale	1	Mains, épaules, genoux, colonne vertébrale	65	158
7204	F	30											
7586	F	74	1	2	2	2	999	2	OA Genoux	1	OA Genoux	61	149
7.515	M	97	2	2	2	2	999	1	Genoux	1	Genoux	43	154
7525	F	68	1	2	2	2	999	2	Arthrose / Ostéopéma	1	Arthrose de la colonne vertébrale/ Ostéopé	72	155

									ma		
7249	F	89	999	999	999	999	1	Arthrose	999	999	54	141
7137	F	89	1	2	2	2	999	2	Arthrose	1	Arthrite de la main	66	156
7076	F	71	1	2	1	2	999	1	Arthrite du genou	1	Arthrite du genou	56	137
7581	F	91	1	1	0	2	999	1	Arthrite du genou	1	Arthrite du genou	99 9	999
7434	F	75	1	2	2	2	999	2	Arthrose	1	Arthrite du genou	93	160
7517	M	91	1	2	2	2	999	1	Arthrose des mains. le bas du dos	1	Mains	64	155
7187	F	82	1	2	2	2	999	2	Arthrite du genou	1	Genoux	46	146
8070	F	76	1	2	1	2	999	1	Arthrite du genou	1	Arthrite du genou	68	153
7609	F	69	2	2	0	2	999	2	Arthrose de la colonne vertébrale	1	Arthrose de la colonne vertébrale/du genou	56	147
7448	M	93	999	999	999	999	999	1	Arthrite du genou	999	999	93	140
7184	F	90	999	999	999	999	999	1	Arthrite du genou	999	999	54	143
7433	F	76	2	2	2	2	999	2A	arthrite/tendinite	1	Arthrite / tendinite	61	155
7195	F	84	1	2	1	2	999	1/	rthrose du genou d.	1	étiquette. genoux d.	99 9	999
7260	F	87	1	2	2	2	999	1	Arthrite du genou	1	Arthrite du genou	66	152
7492	F	76	1	2	1	2	999	1	Arthrose de la colonne vertébrale	1	Arthrose de la colonne vertébrale	58	149
7134	F	87	2	2	2	2	999	2	Genoux arthritiques	1	Arthrite du genou	66	149
7918	F	69	1	2	2	2	999	2	999	1	Arthrose de la colonne vertébrale	73	165
7386	F	77	1	2	2	999	999	1	Arthrite de la main	1	Arthrite de la main	75	149
7608	F	76	2	2	2	2	999	2	999	1	Arthrose du genou, de la colonne	74	157

7399	M	84	1	2	1	2	999	2	999	1	vertébrale colonne vertébrale / genou irthrose	94	173
103						F	FEM.						
Arthrose						M	MAIS.						
						999	Questions non posées						
Ostéoporose.						1	Oui						
Pac. Contrôle						2	Non						
Fumer													

I want morebooks!

Buy your books fast and straightforward online - at one of world's fastest growing online book stores! Environmentally sound due to Print-on-Demand technologies.

Buy your books online at
www.morebooks.shop

Achetez vos livres en ligne, vite et bien, sur l'une des librairies en ligne les plus performantes au monde!
En protégeant nos ressources et notre environnement grâce à l'impression à la demande.

La librairie en ligne pour acheter plus vite
www.morebooks.shop

info@omniscriptum.com
www.omniscriptum.com

OMNIScriptum

Milton Keynes UK
Ingram Content Group UK Ltd.
UKHW032222011124
450424UK00002B/533